大象的旅行

「短鼻家族」北上南歸記

本書編委會

云南教育出版社

鳴謝

雲南省森林消防總隊

中共西雙版納州委宣傳部

雲南省教育基金會

雲南日報報業集團雲南網

目錄

第三章

大象的「貼身護衛」/ 055

第四章

旅途的「風景」/ 081

第五章

回家之路 / 095

尾聲 / 110

出版說明

2020年3月，一群叫「短鼻家族」的野生亞洲象，從雲南西雙版納國家級自然保護區勐養子自然保護區出發，一路向北，到2021年4月16日走出傳統棲息地，將近四個月後的8月8日，在人類的幫助與引導下開始南歸，最終重新回到傳統棲息地。「短鼻家族」亞洲象群的這次北上南歸，經普洱、玉溪、紅河州、昆明等地，里程超過1300公里，因為野生象群本身的魅力，旅途中象群與人類的互動，以及對「人象關係」的討論，在中外社交媒體及主流媒體上被持續關注，受到全世界的矚目，成為「頂流」級的「網紅」。

2021年10月，《生物多樣性公約》締約方大會第十五次會議（COP15）第一階段在中國昆明舉行，雲南象群北上南歸的故事，隨著國家領導人的分享，進一步被熱議，被視作中國野生動物保護及維護生物多樣性的生動範例。

在聯合出版集團，以及雲南省森林消防總隊、雲南省教育基金會、雲南日報報業集團雲南網的鼎力支持下，香港三聯書店與雲南教育出版社以合作出版的形式，重溫一年前「短鼻家族」的這場神奇旅程，不單是向港澳台及海外華人分享雲南境內一群亞洲象遷徙的故事，更是想通過這個故事，讓大家體會到棲息在中國這片土地上生靈的可愛，進而讓大家更多關注動物保護及維護生物多樣性，也讓大家看到中國長期以來在維護生物多樣性上所做的巨大努力。

「短鼻家族」北上南歸日曆

象群北上路線

2021.4.16
象群由普洱市墨江縣
進入玉溪市元江縣

2021.5.16
象群由玉溪市元江縣
進入紅河州石屏縣

2021.5.24
象群由紅河州石屏縣
進入玉溪市峨山縣

2021.5.27
象群穿過峨山縣

2021.5.29
象群由峨山縣
進入紅塔區界

2021.6.2
象群由玉溪市紅塔區
進入昆明市晉寧區

獨象路線

2021.6.5
獨象離群

2021.7.7
獨象安全回歸棲息地

象群南歸路線

2021.6.8
象群進入易門縣轄區

2021.6.17
象群進入峨山縣轄區

2021.7.5
象群進入玉溪市新平縣轄區

2021.7.9
象群進入峨山縣轄區

2021.7.10
象群進入石屏縣轄區

2021.7.27
象群進入元江縣轄區

2021.8.8
象群進入老 213 國道元江橋
安全跨過元江幹流

2021.8.23
象群在墨江縣聯珠鎮
連路村東側林地內活動

「短鼻家族」北上南歸路線圖

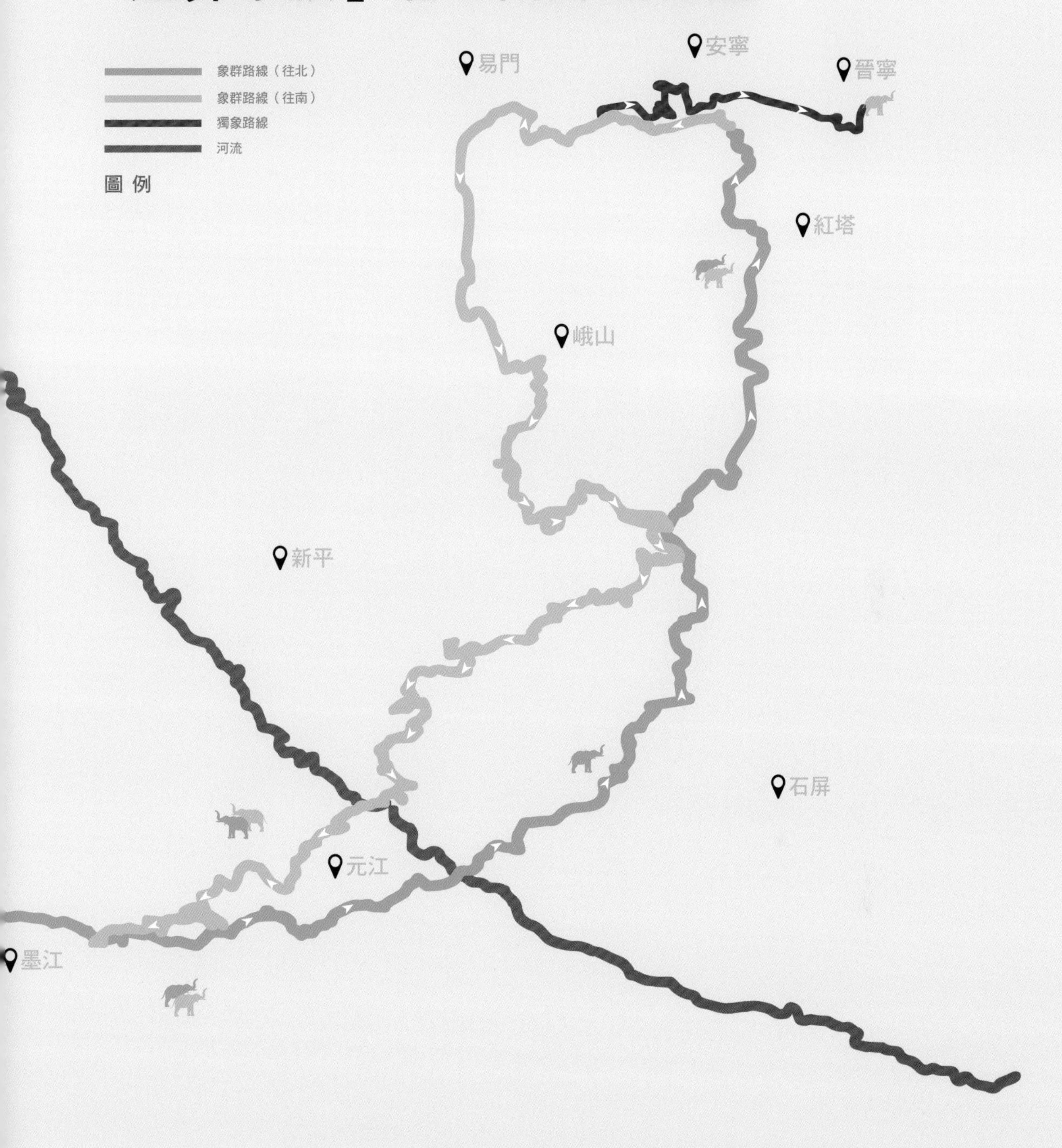

← 行進中的「短鼻家族」

←行進中的「短鼻家族」

← 行進中的「短鼻家族」

亞洲象與「短

第一章
鼻家族」
易門
安寧
晉寧
紅塔
峨山
新平
石屏
元江
墨江
寧洱

亞洲象與非洲象的區別

大象，可以分為亞洲象與非洲象兩大類。也有學者在此基礎上，進一步細分，即認為亞洲象有印度象、錫蘭象、蘇門答臘象、婆羅洲侏儒象四個亞種；非洲象也可以分為非洲森林象與非洲草原象兩個亞種。近年來，隨著研究的深入，從前一般界定為亞種的非洲森林象，被確定為一個與亞洲象、非洲草原象並列的獨立物種。

亞洲象與非洲象，外形的差異較大，人們可以據此迅速區分。亞洲象耳朵較小，輪廓看起來像印度半島；而非洲象的耳朵較大，有時甚至比臉還大，輪廓更像是非洲大陸。此外，鼻子上的鼻突也不同，亞洲象只有一個，而非洲象則有兩個。

當然，大家也可以從象牙來判斷大象的類群。在非洲象中，無論雄雌，均長有外露的象牙；亞洲象則只有部分雄象有長而外露的象牙。如果你看到沒有象牙的成年大象，那牠們便可能是雌性亞洲象，當然，少數成年雄象也沒有長的象牙。

從世界分佈範圍來看，亞洲象主要生活在尼泊爾、印度、斯里蘭卡、不丹、孟加拉國和東南亞的緬甸、越南、老撾、泰國、柬埔寨、馬來西亞、印度尼西亞和中國的熱帶灌木叢與雨林中，在中國境內則僅分佈在雲南南部的西雙版納、普洱、臨滄等地；非洲象則主要生活在非洲撒哈拉沙漠以南的中非與西非比較濕潤的熱帶雨林，以及馬里的沙漠中。

亞洲象，平均壽命為 50—70 歲，有的老壽星則能活過 100 歲。雄象在 10—14 歲時達至性成熟，雌象的性成熟時間則在 10—12 歲之間。亞洲象的繁殖率較低，大約 6—8 年才能繁殖一次，大多數雌象產仔於秋末冬初，每胎只產一仔。

← 亞洲象

← 非洲象

← 亚洲象雄象與雌象成長圖

雄象成長圖

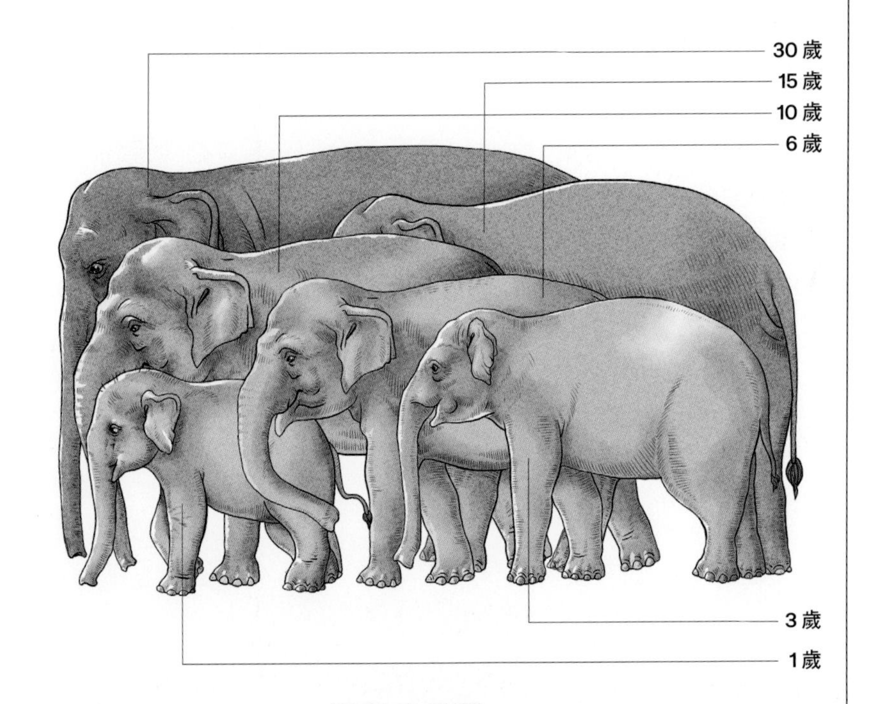

雌象成長圖

追尋大象遷移的足跡

大象在中國出現，有確切記錄的已有約 1900 萬年。目前研究發現，距今約 2400 萬年前，起源於非洲的象類就可能曾經由尚未隆升的青藏地區到達中國的北方，包括嵌齒象、軛齒象等。此後，隨着青藏高原抬升，這條遷徙路線受阻，象群轉而「改道」雲南，經中國中部和東部向北遷移。

歷史上，因為氣候變化等原因，象類曾多次在南北來回「流動」。殷商時期，亞洲象曾在黃河流域分佈，此後，由於人類對中原地區的開發，亞洲象一路南下，最終退至雲南。

亞洲象，是亞洲現存最大和最具代表性的陸生脊椎動物，屬於國家一級重點保護動物，是熱帶雨林生態系統的旗艦物種。野生亞洲象在中國的棲息地，主要為雲南南部地區。

→ 生活在棲息地的「短鼻家族」

← 生活在棲息地的「短鼻家族」

← 生活在棲息地的「短鼻家族」

亞洲象的家園

亞洲象在中國的主要棲息地是雲南，對其的保護，早在半個世紀之前就已經開始了。1958年，雲南省人民政府批准建立了西雙版納自然保護區，並建立了專門的保護區管理部門，對野生亞洲象開啟搶救性保護和管理措施。

此後，雲南在亞洲象分佈的熱帶地區建立了11處保護區，總面積約51萬公頃，形成了以國家級自然保護區為主、地方級自然保護區為補充的亞洲象保護網絡，為亞洲象提供庇護所。

西雙版納國家級保護區為目前中國野生亞洲象種群數量分佈最多的地區。得益於保護區內天然林面積的增加，當地森林覆蓋率一直保持在95%以上，亞洲象等主要保護物種數量明顯維持穩定增長。

經過數十年的拯救與保護，雲南野生亞洲象種群數量以每年3%—5%的速度增長，已由20世紀80年代的193頭，發展到目前的超過300頭。

← 生活在棲息地的野象群

← 雲南熱帶雨林

大象是熱帶雨林的工程師

雲南西雙版納國家級自然保護區，是以保護熱帶森林生態系統和珍稀野生動植物為主要目的的一個大型綜合性自然保護區，是中國熱帶森林生態系統保存比較完整、生物資源極為豐富、面積最大的熱帶原始林區。

今天，整個保護區的森林覆蓋率已經超過97%，比1958年建區時提高了10%—15%。保護區以外的棲息地，也保持著較高的森林覆蓋率，天然林面積佔了大部分。

蔥鬱疊翠的植物環境和溫和濕潤的氣候，讓這裏成為「雨林巨獸」亞洲象生存繁衍的理想家園。

亞洲象為什麼會被科研人員稱作「熱帶雨林的工程師」呢？

大家都知道，亞洲象身軀龐大，成年象更是重達數噸。正因如此，當牠們龐大的身軀在林中穿行時，自然而然地會開闢出寬闊的象道，形成林中空地、林窗。這使得林下的草本植物和灌木叢等低矮植物也可以沐浴到陽光，為整個雨林的植物更新創造了條件。

此外，亞洲象巨大的腳印會形成小水坑，為林間兩棲動物和昆蟲的生存繁衍提供便利。亞洲象的活動範圍大、遷移路徑遠，這也使牠們無形中成了優秀的種子傳播者，在大量採食植物的過程中，一定程度上促進了植物物種的傳播和再生。象群的糞便，也有特別的功用，後面將專門介紹。與此同時，亞洲象在雨林中還會用牠們的鼻子、象牙來挖掘洞穴，以此取食土壤中的鹽分和礦物質，而這些洞穴又時常被其他野生動物當作棲身之所。

可以說，亞洲象在維護區域內的生物多樣性中發揮的重要作用，是其他動物無法取代的，而牠們的種群一旦退化，對於其自身以及其所生存的生態系統，都將產生巨大的負面影響。

因此，大象被視作「熱帶雨林的工程師」絕非誇張。這一特殊身份，一定程度上也道出了我們保護亞洲象的意義，因為保護大象，不僅是保護了這一物種，同時也保護了牠們生活的整個生態環境和同一區域內的其他動植物物種。

← 西雙版納熱帶雨林公園——遊人遊走在望天樹間的「空中走廊」

← 在棲息地生活的野生亞洲象群

貨真價實的「幹飯象」

作為體型巨大的野生動物，大象的好胃口毋庸置疑。在日常生活中，大象基本只被一件事佔據——吃。大象是純粹的植食性動物，每頭大象一天所需的食物重達上百公斤，相當於大象體重的6%—8%。草、灌木、水果、小樹枝、樹皮和樹根都在大象的食譜中，為了身體需要，大象也會食用土壤，以獲取鹽分和礦物質。

在動物中，亞洲象應該是很不挑食的一種。據國內研究文獻統計，大象食性植物多達240種，其中就包含了很多農作物。在人類種植的各種農作物中，玉米、稻穀、甘蔗、香蕉、菠蘿蜜、椰子等都是大象的最愛。

相較而言，野外覓食過於辛苦，而在人類的莊稼地中，各種營養且美味的食物，卻唾手可得。久而久之，亞洲象對取食莊稼有了一定的依賴。大象走出保護區，進入人類居住地，甚至進入莊稼地取食，在一定程度上反映出人與大象的活動範圍交叉重疊度越來越高。

要維持龐大身軀運轉所需的能量，大象的進食是持續不斷的，一天中有大部分時間都花在不斷吃東西上。可以說，在「幹飯」這件美差上，大象絕對是百分之百的投入。因此，食物是否充足，直接決定著亞洲象的生存。另外，亞洲象對於食物的選擇，也會表現出季節性的變化，特別是在食物匱乏的季節，常發生季節性的遷移。

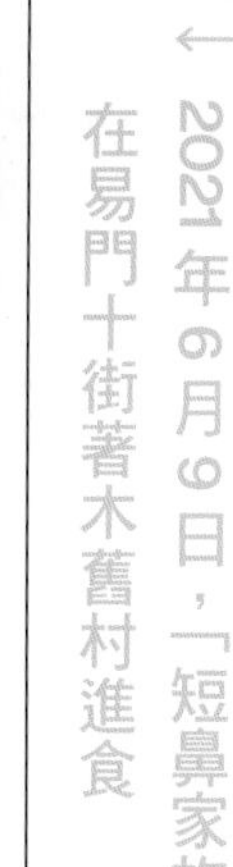

← 2021年6月9日，「短鼻家族」在易門十街著木舊村進食

← 2021年6月19日，「短鼻家族」在峨山縣大龍潭鄉迭所村進食

大塊頭，有大智慧

許多見過大象或者了解大象知識的朋友，相信都會有這樣的印象，那就是大象這樣大塊頭的傢伙，好像都特別聰明，尤其是那萬能工具一樣的象鼻子，更加深了這種印象。

事實也確實如此，大象的智慧，非常值得說道。

首先是牠們那引人注目的鼻子，堪稱地球上哺乳動物中最靈敏的器官。大象的鼻子，其實是上唇和鼻子的結合體，由 15 萬條肌肉組織構成，末端有指狀凸起，力大到可以舉起重達幾百公斤的物體，也可以靈巧到撥開花生這樣小的食物。此外，大象的鼻子還可以用來吸水。象鼻內有一個類似閥門的結構，吸水時，閥門會自動關閉，防止水進入氣管和肺部。一次吸水，象鼻可以容納多達 8 升的水。在游泳時，象鼻子同樣能大顯身手，可以作為通氣管。

其次就是大象的牙齒。象牙，是由門牙演化而來，這一點在大象 2 歲左右時可以明顯看出。在大象的一生中，象牙都在不斷生長，巨大的牙齒也是大象「德高望重」的一個標誌。除了形象與地位的凸顯，象牙也有著許多實用功能，比如在覓食過程中，可以撥開樹皮、挖出樹根、掘土或者聚攏地上的食物，遇到緊急情況或者戰鬥時，還可以進行防禦。如同人類有

← 大象鼻子的神奇功能之幫助進食

← 大象藉助鼻子幫助幼象上坡

← 大象鼻子的神奇功能之噴水

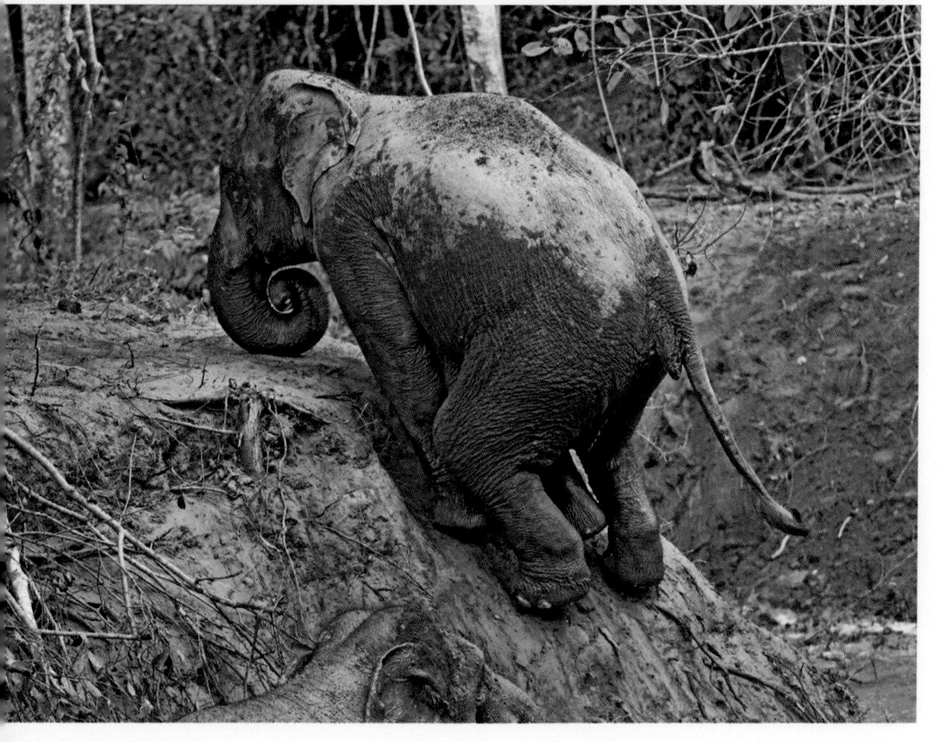

← 大象藉助鼻子爬坡

左右手一般，大象的牙齒也是如此，經常用到的那邊，往往磨損明顯。

大象的皮膚也很有特點。牠們的皮膚很厚，平均厚達 2.5 厘米，並且體表的皺褶和溝壑能夠比平坦的皮膚多儲存十倍的水分。這有助於大象降溫，保持身體涼爽。我們時常留意到大象在泥淖和沙土裏「洗澡」，其實這也是牠們有意為之的自我保護措施。因為泥土附著在身上後，不僅能夠防止蚊蟲叮咬，還可以避免太陽暴曬，起到防蚊液與防曬霜的雙重功效。

這些透著智慧的妙招，大象還有不少。有研究表明，成年大象的平均智商相當於 4—5 歲孩童的智商。大象大腦的顳葉（大腦中與記憶相關的腦區）比人類更大、更緻密，因此大象擁有長期記憶知識的能力，可以記住數十年前走過的遷移路線，以及每一處食物和水源的準確位置。除了超強的記憶能力，大象的觀察與協作能力，在動物中亦算佼佼者。

此外，大象還具有高度的同情心，會在同伴戰敗或受傷之後安慰對方。在同伴死去之後，大象還能表現出類似默哀的行為。還有科學家在觀察中發現，當一頭大象遇到其他大象的骨架時，會放慢速度，小心翼翼地靠近，用鼻子或敏感的腳底輕撫骨頭。更為驚人的是，大象還將泥土踢到同伴的遺骸上，並用棕櫚葉將其覆蓋。

可以說，大象是地球上最聰明的動物之一，有高度進化的大腦皮層，具有同情、悲傷、模仿、使用工具等情感與能力。大象，甚至還與人一樣，有一定的自我意識。

← 一頭大象遷移路上在農田處找到一口井

天生的社交達人

雄象與雌象在10—12歲之間達到性成熟。性成熟後的雄象，只要能獨自找到食物並保護自己，牠就會在這個時候離開象群。成年的雄象，一般獨自生活，即便在龐大的象群中，也僅承擔保衛群體安全的職責。

因此，象群是「母系社會」，通常由最年長的雌性大象擔任象群的首領，成員往往是牠的後代或有親緣關係的雌性組成群體，成員數量通常介於6—20頭之間。當家族成員太多或取食困難時，象群通常會分成更小的群體。

大部分時候，分出去的象群會停留在同一片棲息地區域內。然而每一個象群都是不同的——有些象群比其他的更有冒險精神。亞洲象其實並不算是真正生活在森林裏的物種，牠們實際喜歡開闊的空間。如果棲息地發生重大變化，比如氣候變化或食物短缺，那麼一些象群就會在更廣闊的土地上漫遊，尋找新的食物來源和棲息地。

正因為大象群居的特性，因此「社交」在象群中就顯得十分重要。大象通過聲音、肢體語言、觸摸和氣味在內的多種方式進行交流。除了人類可聞的喇叭一般響亮的叫聲，以及各種不同的鼻息、低吟、吠叫、咆哮，大象還能發出頻率很低的人類聽不到的次聲波傳達信息。這種低沉的聲波可以傳播至20公里外的地方。

在普通人眼裏，大象收起耳朵或後退一步等姿勢可能沒意義，但這確實是大象重要的肢體語言。大象會通過伸開耳朵、抬高鼻子或用前足踢地面的土來顯示攻擊性和恐嚇，也會用小幅度點頭表示歡喜。大象會用鼻子互致問候，要麼用鼻子撫摸對方，要麼把鼻子的末端放到另一頭大象的嘴裏，以示友好。至於氣味，大象靈敏的嗅覺可以幫助牠們在長途跋涉中辨認同伴留下的尿液、糞便氣息，從而盡快跟上大部隊。

↑ 大象與小象戲水

野生亞洲象

大象，也愛玩泥巴

夏季，云南西雙版納等地十分炎熱，蚊蟲反覆圍繞著小象打轉，小象不耐煩地甩動尾巴驅趕。此時如果出現一個泥塘或者灌溉坑，就是小象最喜歡的地方。牠們會迫不及待地扎進泥塘，有的選擇從水塘邊滑進去，有的則推搡著跳了進去，一起在泥塘裏玩鬧嬉戲，玩得不亦樂乎。這充滿童趣、天真爛漫的情景，讓人不由得對大象們萌生愛意。

大象喜歡玩泥巴或者在泥塘裏打滾，遠不是為了玩鬧這麼簡單，實際還有著實際的功效。亞洲象沒有汗腺，皮膚較厚，皮膚褶皺間有許多細細的凹陷，用泥水洗澡不僅能幫助牠們降溫防曬，還能清除皮膚上的寄生蟲，防止蚊蟲叮咬。

如果你能時刻觀察象群的生活，會留意到那些貪玩調皮的小象，在泥塘裏玩到忘乎所以、筋疲力盡，如遇到泥塘太深，就算撅起自己那小屁股也爬不上來，時常需要靠家人伸出援手。比如，你可能會看到如下這一幕：象媽媽在泥塘邊用鼻子勾，象姑姑則下到泥塘用屁股頂，費了九牛二虎之力才把小象推上岸。就在大家鬆了一口氣的時候，可能又會看到象媽媽毫不猶豫地再次把小象推進泥塘裏，這一次，小象要學著自己爬上岸。整個過程，就是大象家族內部一堂生動的育兒課。

← 2021年6月20日，「短鼻家族」在峨山縣大龍潭鄉玩泥巴

← 2021年9月4日，「短鼻家族」成員中的兩頭大象在墨江縣通關鎮享受泥潭浴

「短鼻家族」名字的由來

取名在人類生活中，尋常而自然。出生時擬好的名字，往往伴隨著我們的成長、成年，乃至終生。給象群的取名，雖不像人類那般正式，但也是一件科學而有趣的事。

「短鼻家族」，在今天已經是天下聞名，可為什麼會有這樣的名字呢？相信許多關注這個亞洲象家族的朋友會有此疑問。

其實，牠們的名字來源於一次監測活動。在亞洲象監測保護小組成員的一次日常巡查中，他們發現象群家族中一頭雌象的鼻子沒有鼻突，於是依此特徵將這個象群家族命名為「短鼻家族」。

大象，主要是以家族為單位活動——除了成年公象會單獨活動。為了便於監測與保護，雲南境內的野生亞洲象群都有各自響亮的名字。這些名字大都很可愛，多是來自大象的耳朵、門齒、背、尾巴、鼻子等部位的特徵，比如獨象「大排牙」、「竹筍牙」，以及象群「然然家族」、「大嚕包家族」、「缺耳朵家族」等。

「短鼻」，樸實而直接，令人過耳不忘，叫起來也朗朗上口。但或許，當初給牠們取下此名字的監測保護小組工作人員，也完全沒有想到這個名字竟有如此神奇的力量，充滿明星潛質，惹得海內外追捧，舉世矚目。

← 亞洲象的鼻突（「短鼻」缺失的就是這部分）

← 「短鼻家族」

「短鼻家族」的親友團

目前，雲南野生亞洲象的數量已超過 300 頭，分佈在多個象群保護區內。不少新的象群，都是從原來的大家族分化出來的，與人一樣，隨著「象丁興旺」，「短鼻家族」也不斷開枝散葉。

前面在討論象群取名的時候，已經點出幾個「短鼻家族」的親友團了。

首先要介紹的是與「短鼻家族」較為親近的「大嚕包家族」。在「小短鼻」（雌象）的成長過程中，也經常會與「大嚕包家族」一起生活。「大嚕包家族」家庭規模龐大。其首領因為左右肩膀上各有一個碗口大的腫塊，西雙版納當地方言稱為「嚕包」，因此而得名。作為首領的「大嚕包」，是一頭年過半百的母象，牠領導的家族是迄今為止在野象谷出沒的最大家族，成員近幾年發展到 20 頭左右。雖然，「象多勢眾」，但是「大嚕包家族」從不恃強凌弱。其他成員較少的家族，如有成員擠進硝塘來一起飲水，也毫不介意。

在西雙版納國家級自然保護區，還有一個大象家族不可不提。2005 年 7 月，保護區工作人員在觀象台一帶參與救助了一頭被捕獸夾夾傷後足的雌象，並為之取名「然然」。牠所在的家族，也因此得名「然然家族」。

「然然家族」的成員普遍身材高挑，個個都有著傲人的大長腿，加上腦袋圓圓的，以及那一對桃心形的大耳朵，一看就是「一家人」。這也是一個大家族，成員在 15 頭以上，家族中有兩位德高望重的母象，雖然飽經滄桑，卻充滿智慧。與其他家族不一樣，「然然家族」喜歡湊熱鬧。好多次象群經過村莊，入戶「拆家」的大象，就有來自這個家族的成員。

象群的成員，並非固定不變。相反，各個家族的成員時常交叉變動。不少象群都是以「姊妹團」或「閨蜜團」作為核心成團的。還有一類四處「串門」搞「組合」的，便是成年公象。每年進入發情期後，這些公象便會使出渾身解數，進入不同的象群尋偶。

就在「短鼻家族」因北上在全世界風頭無二的時候，其實還有另一個象群家族也離開自己的棲息地開始同樣的征程。這個家族的首領是一頭 30 多歲的母象，兩扇耳朵上滿是缺口，因此得名「小缺耳家族」。「小缺耳家族」帶著 7 頭幼象走走停停，途中闖入位於勐臘縣的中國科學院西雙版納熱帶植物園，後來因雨季到來，江水上漲，象群渡江失敗，在植物園逗留許久。

←「竹筍牙」

↑「大嚕包」家族成員

↑「大排牙」

家族裏的「浪子」

都說「男人至死是少年」，大象也如此。成年雄象似乎依然保留著「叛逆少年」的衝動，往往做出一些與象群背道而馳的舉動，甚至是「一言不合」就「離群出走」。

2021年4月24日，兩頭雄象在玉溪市元江縣離群，返回普洱，並在墨江縣、寧洱縣逗留，開啟了每天上山吃吃東西，熱了下河洗澡，晚上進村溜達的「愜意生活」。6月5日，又有一頭雄象離群，獨自徘徊在村寨附近。關於這個離群渴望做孤勇者的「浪子」，在後面將專門講講牠的故事。

大象群體屬於「母系社會」，會以一個最厲害、體型最大、最年長的雌象為首領，其他雌象和牠都是親戚關係。成年雄象為了避免近親繁殖，長大之後會選擇離開這個群體。

那麼，大象又是如何繁衍的呢？

這時候，就需要其他家族的雄性大象介入了。

相信朋友們都會好奇。人類可以藉助書信或者電話，與同伴遠距離溝通，那些離群的雄象，牠們又是如何與家族聯繫，完成溝通的呢？

這就不得不再次提到大象神奇的溝通能力。

大象，是一種經常遠行的動物，所以牠們發展出了一種遠距離的溝通方式——次聲波。次聲波在沒有干擾的情況下，可以傳播十幾公里，就算是受到了干擾也能傳播幾公里。此外，大象也非常聰明，懂得什麼時候發出聲音可以傳得最遠，比如牠們通常會選擇在黃昏或黎明時。因為這時候空氣是一天中較冷的，較

↑ 象媽媽與小象在戲水

低的溫度使得聲音可以傳播得更遠。

如果遇到緊急情況或者距離實在太遠的話，牠們還有一種更遠距離的交流方式——跺腳。大象奇特的腳掌可以使牠們不必蹲下來用耳朵去聽地面的震動。當地面震動通過前腳、腿骨和肩骨傳到中耳時，牠們就能接收到這些信號，這也是大象能夠預知地震的原因之一。

← 哺乳中的大象

第二章

大象，向北

亞洲象遠距離遷移，有無先例？

這次「短鼻家族」的遷移，如在更廣闊的視野中觀照，其實並不罕見，之所以被廣受關注，主要原因有三：一是其遷移距離之長；二是其持續時間之久；三是現代監測手段及媒體傳播技術讓象群的遷移以一種「直播」的方式進行，拉近了民眾與象群的距離。這些要素共同促成了象群遷移現象級事件，家族成員順利出圈，成為明星。

如將目光移到國外，我們會發現，亞洲象遠距離遷移是普遍現象。近些年，被人們所熟知的，如印度的亞洲象曾遷移到孟加拉、尼泊爾與不丹等國，甚至抵達遠在中南半島的緬甸。老撾北部三省，與我國雲南西雙版納州勐臘縣，也存在野生亞洲象跨境遷移現象。

如將目光從眼前拉回到歷史上看，西雙版納國家級自然保護區勐養子保護區的亞洲象就存在向各個方向遷移擴散的習性。1992 年至今，已先後有 100 多頭亞洲象向北擴散至普洱市。2005 年，13 頭亞洲象向西擴散至瀾滄縣，目前仍在勐海縣和瀾滄縣之間遊走。2011 年，部分亞洲象群向東擴散至江城縣。2020 年，也曾有一個大象家族群從勐養南下，經橄欖壩進入勐崙，並在中國科學院西雙版納熱帶植物園附近逗留。

← 行進至山頂的「短鼻家族」

← 行進中的「短鼻家族」

「短鼻家族」遷移的原因

關於這次「短鼻家族」的遷移，備受關注，也被廣泛討論。其中有一種聲音：「亞洲象的遷移，主要是因原棲息地面積縮減導致」。這種說法，是否準確呢？

事實上，「短鼻家族」北上的原因，非常複雜，不好簡單就下定論，要結合象群這一物種本身的遷移特性、種群的擴張、新遷移地的探索等原因綜合分析。近 40 年來，亞洲象種群數量在中國持續增長，從不足 200 頭，到現在超過 300 頭，也容易引發象群的擴散、遷移。

西雙版納，擁有中國面積最大的保存較完整的熱帶森林生態系統，既有人與象之間的和諧共處，也有著人與象之間領地的拉鋸。

比較有趣，但又容易被忽略的是，亞洲象作為野生動物，有著動物自然的天性，人類劃定的保護區也好，規劃的棲息地也好，更多的是人類基於動物保護的主觀意願，但象群的生活與遷移，並不總是按照人類的意願來，乖乖地在人類設定的區域內生活。

據 2018 年的調查資料表明，中國雲南野生亞洲象，有 62.4% 生活在自然保護區外，22.9% 生活在保護區內，另有 14.7% 則生活在保護區邊緣地帶。

← 行進中的「短鼻家族」

「糞」裏乾坤大

回顧「短鼻家族」北上南歸那1300多公里的漫漫旅程，除了踩出的足跡，揚起的塵土，濺起的水花，不斷企及又不斷遠離的「遠方」，在那去時與歸來的路上，有一種帶味道的東西不能被忽視，那就是象糞。

單看書上的描述，自然沒有怕被熏暈而掩鼻的必要，但接下來要說的，確實有些重口味。

作為自然界名副其實的「幹飯王」，大象平均每天要用10個小時來採集食物，每天要吃掉100多公斤食物。吃得多自然排泄得也不少。

可別小看了大象的糞便，牠對於整個森林生態系統來說，有著奇妙的作用，可謂「糞」裏乾坤大。

比如，落在地上的一坨坨大象糞便，是昆蟲產卵的理想地方，而在昆蟲孵化過程中，又為鳥類或者其他哺乳動物提供了食物源。

另外，大象的糞便裏含有芭蕉絲等粗纖維，分解後變成養料，又回歸大自然，形成了一個良性循環。亞洲象食性廣、棲息範圍大、遷移路徑遠，通過採食後排便，使得植物的種子得以遠距離的傳播，也為土壤微生物的生長提供有利條件。

「一象一世界」，大象是重要的森林重建者與守護者，牠走過的路、蹚過的河，都可能會對當地的自然界生物多樣性起到促進作用。

← 大象糞便

原來大象也會「躺平」

「短鼻家族」風靡全球的那段時間，牠們的各種照片與視頻都在網上瘋傳，其中有一組象群家族睡覺的照片，更是引起熱議。有熱心的網友，替大家提了一個很尋常又很有趣的問題：「大象是怎麼睡覺的？是站著，還是躺著？」

關於大象的睡姿，其實是一個很專業的動物知識問題。多數情況下，亞洲象日常的睡姿都是站著的。這主要是因為成年亞洲象體型過大，躺著睡覺，如時間過長，會對心臟產生壓迫，甚至導致呼吸困難，因窒息而死亡。此外，站著睡覺，在應對突發的危險時，大象可以保持更高的機警度，並快速機動，可以有效縮短避險的反應時間。

有趣的是，小象出生後，一般是躺著睡，隨著年齡增長、體重增加，才會慢慢告別「躺平」，與其他成年家族成員一樣站著睡覺。

← 2021年7月19日，紅河州石屏縣龍武鎮石岩頭村，「短鼻家族」部分成員躺著睡覺，部分站立放哨

←大象也愛「躺平」

旅途中誕生的童星「小北鼻」

「短鼻家族」一路遊山玩水的旅程，大家都已很熟悉。在這個過程中，有兩樁喜事不得不提，那就是「短鼻家族」喜添新丁。

2020年9月23日，「短鼻家族」進入普洱市寧洱縣，在這裏產下1頭小象；2021年3月28日，「短鼻家族」在墨江縣境內，再次產下1頭小象。

要知道，亞洲象的繁衍並非易事，牠們是世界上妊娠期最長的動物之一。野生亞洲象在自然交配過程中，受孕率較低，懷孕週期更是長達18—22個月，哺乳期則長達兩年多，且每胎只能懷1頭小象，繁殖率很低。

因此，無論是對象群保護與研究人員，還是對無數「雲觀象」的普通人來說，「短鼻家族」喜添新丁，都是值得慶祝且令人激動的事。這兩個新生命的加入，也進一步壯大了家族隊伍，更為整個「短鼻家族」遷移的故事添上了一抹溫馨與浪漫的色彩。

在「短鼻家族」的漫長旅途中，有許多令人印象深刻的瞬間，其中一幕是家族成員躺在一起睡覺的景像。正因為定格這一幕照片的傳播，讓牠們收穫了海內外無數的粉絲。

這張風靡全球的睡姿照，生動地記錄了「短鼻家族」的天倫之樂，牠們把小象圍護在中間，從空中俯瞰，恰是一個愛心的形狀。

被悉心呵護的小象，睡姿憨態可掬，萌力爆表，可以說一覺醒來，已經是世界矚目的「童星」了。

← 2021 年 6 月 12 日，玉溪市易門縣十街鄉南山村，小象被大象護衛著睡在中間

← 2021 年 7 月 15 日，紅河州石屏縣龍武鎮石岩頭山，「短鼻家族」中的大象領著小象準備進山

「短鼻家族」旅行的花費

根據雲南北移亞洲象群安全防範工作省級指揮部指揮長、雲南省林業和草原局黨組書記、局長萬勇在 2021 年 8 月 9 日的新聞發佈會上透露，截至 8 月 8 日，雲南省共出動警力和工作人員 2.5 萬多人次，無人機 973 架次，佈控應急車輛 1.5 萬多台次，疏散轉移群眾 15 萬多人次，投放象食近 180 噸。野生動物公眾責任險承保公司受理亞洲象肇事損失申報案件 1501 件，評估定損 512.52 萬元。

看到這些數據中投入的大量人力、物力，以及因大象的肇事產生的損失，這一趟千里之行，花費可謂不菲。

這也從側面反映，若非當地的政府以及全社會對象群的呵護乃至包容，這場轟動全球的象群旅行，這場充滿太多潛在風險與意外的人象互動，或許難以達致目前我們看到的這般和諧。

← 農民搬運玉米以投餵

← 沿途投放玉米

大象的「貼身護衛」

第三章

大象預警監測體系

如前文所介紹的，野生亞洲象在近 30 年，數量逐年增多，已超過 300 頭。對於保護區來說，已達到了一個相對飽和的狀態，加之棲息地的食源減少，每到秋冬季節來臨，大象便有可能走出保護區，到棲息地周邊活動，這一方面是試圖開闢新的棲息地，另一方面則是為了填飽肚子。亞洲象一旦進入人類生產生活區，豐富的食物就成了牠們的生活保障。久而久之，大象的食性也會逐漸改變，反而願意到村落中刷一刷「存在感」。

大象雖然很萌，但因其體型龐大，如闖入人類活動區域，難免會有破壞。因此，為了緩和這個矛盾，如提前了解象群出沒的情況，對象群的有效監測便顯得極其重要。

目前，雲南已經建立了一套完善的亞洲象保護及監測預警體系，通過 5G、物聯網、雲計算、大數據和人工智能等多種先進的技術手段對象群進行實時監測、追蹤與保護。這些紅外相機、攝像頭全天候捕捉大象的動向，一旦大象有動作或異樣，系統就會啟動 AI 識別。如果識別出是亞洲象，預警系統會通過手機、智能喇叭等，向所在區域和預測路線上的村民發出預警。

此外，還有上百位專職監測員。監測員每天一早便要出去「找象」，發現大象蹤跡後，又通過電話、短信、手機 APP 等方式發送預警信息。

← 亞洲象監測保護小組（部分隊員）

← 亞洲象監測保護小組隊員

萌兇萌兇的大象

憨厚的外表、聰明的頭腦、溫順的個性，大象長期以來給人的印象都是可愛友好的。許多卡通片裏，也有很多討人喜歡的大象角色。

大象，在中國傳統文化中，具有「靈獸」的地位，寓意吉祥、長壽。「短鼻家族」長途跋涉的新聞進入大眾視野時，人們首先感受到的是其可愛、歡樂的一面，甚至乎還有一些浪漫化的解讀，而忽略了這群龐然大物的危險性。

因為大象體型龐大，普通的公路和圍欄，並不能阻擋其腳步，在橫行無忌中，一不留神就闖入人類的生活空間。同時，作為一種野生動物，大象依然保留著天然的野性，並沒有太多與人類相處的經驗。一旦人象遭遇，在人類毫無防備心理的接近與挑逗下，大象很可能會受到驚嚇，從而激發自衛本能，對人類造成傷害。近些年，在印度等地，因為群眾的聚集與圍觀，導致激怒大象並由此而出現人員傷亡的悲劇。

從前述案例可知，更加科學且理性地認識大象的萌與兇，非常有必要，尤其是接近野生大象時，所隱含的危險性不容忽視。

大象對人身安全的威脅，只是一方面。對於人類來說，體型龐大的野生亞洲象，一旦成群而

← 2021年7月18日，「短鼻家族」成員在紅河州石屏縣龍武鎮石岩頭村的田間覓食與打鬧

來，對於途經之地農作物、建築、基礎設施的破壞，也不容忽視。比如，2021 年 5 月 16 日凌晨，「短鼻家族」15 頭象進入紅河州石屏縣寶秀鎮，有成年雌象 6 頭、雄象 3 頭、亞成體象 3 頭、幼象 3 頭。象群在路過大橋鄉時（石屏縣火龍果的主產地），就曾飽餐了一頓火龍果。象群途經玉溪市元江縣、紅河州石屏縣那 40 天裏，據估算，共肇事 412 起，直接破壞農作物達 842 畝。

因此，在大象遷移，尤其是其以象群的形式出入人類的活動區域時，正確的觀念、及時的預警，都是避免因無意挑逗或激怒大象而受到傷害的務實之舉。

← 大象在茶園打鬧

大象的「貼身護衛」

在「短鼻家族」開始北上的旅行時，雲南省森林消防總隊的監測隊員們就化身「護象人」，成為專業的「大象攝影師」，也是象群的「貼身護衛」。他們在確保人象平安的基礎上，定格了無數珍貴瞬間，象群集體躺平睡覺、小象玩「象撲」、戴草帽比美、樹下練功等畫面，向全世界生動講述了這個發生在中國雲南的精彩故事。

象群跋山涉水的一路，也是監測隊員用心相伴的一路，在那幾百天裏，他們的辛勞是常人難以想象的，是名副其實的「追象人」。

藉助科學的監測手段以及工具，監測隊員們就像有了一雙好眼睛，隨時能將象群的動態收於眼底。他們通過肉眼、相機、無人機，密切追蹤著大象，並從象群的行進軌跡及日常生活中捕捉盡可能多的信息。得益於他們的專業與敬業，象群的監測畫面往往可以第一時間傳回聯合指揮部，為後方判斷象群動態、提前部署提供參考依據。

可以說，象群走到哪裏，監測隊員們就跟到哪裏。當然，比任何人都親近大象的「追象人」，已經深深了解了大象的習性，在監測中「如影隨形」，但不會貿然出現，更不會去攪擾象群。無人機的飛行高度、拍攝者的位置都非常講究，克制而精確。

也恰因此，全世界的人們才能如此豐富而集中地觀察「短鼻家族」象群的一舉一動，並紛紛化作粉絲在線上「雲觀象」。

← 大象的「貼身護衛」——雲南省森林消防總隊的監測隊員

大象的「攝影師」

← 在棲息地生活的亞洲象

↑2021年7月14日，紅河州石屏縣石岩頭村監測隊員利用無人機追蹤「短鼻家族」

← 監測隊員鏡頭下的「短鼻家族」

← 監測隊員鏡頭下的「短鼻家族」

↑ 監測隊員鏡頭下的「短鼻家族」

← 2021 年 7 月 17 日，「短鼻家族」在紅河州石屏縣龍武鎮休息

← 2021年8月13日，「短鼻家族」行進至普洱市墨江縣坤勇村，在山間閒逛

← 2021年9月9日，「短鼻家族」行進至普洱市墨江縣通關鎮卡房村，正在進食

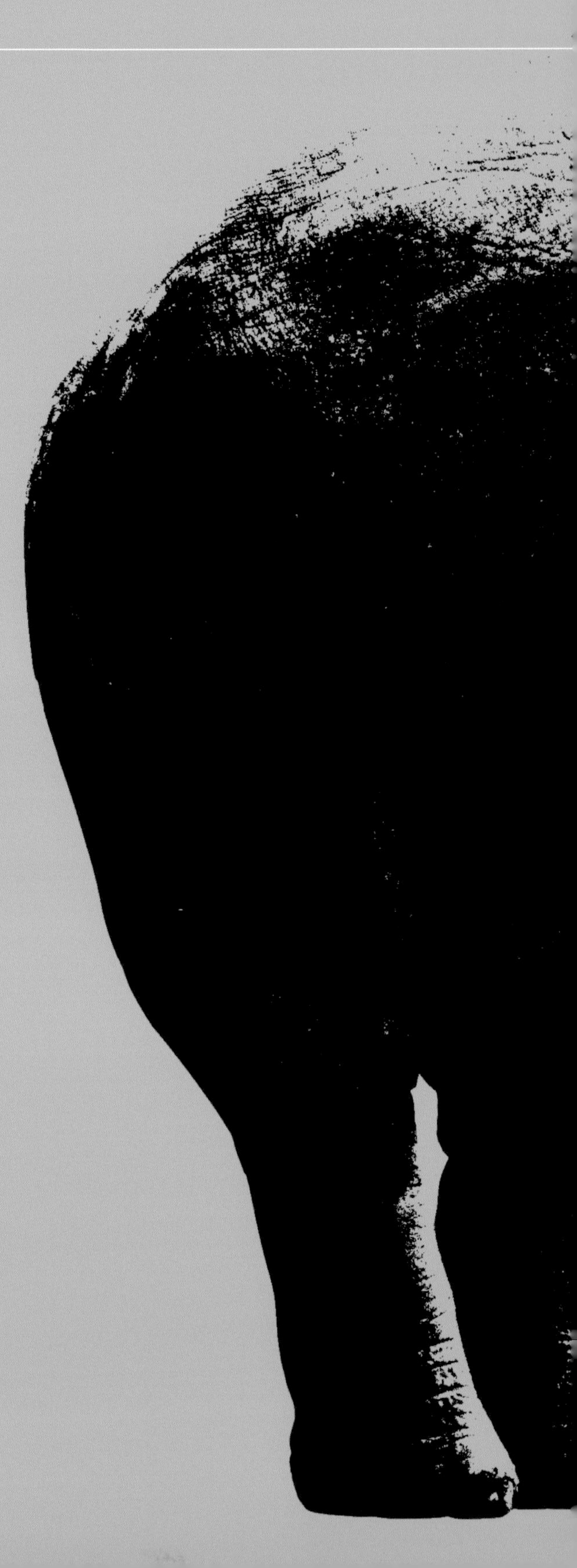

第四章

旅途的「風景」

我們已經領略過「短鼻家族」棲息地西雙版納的美麗了，在牠們一年多的漫漫旅途中，先後途經普洱、玉溪、紅河、昆明等地。七彩雲南，是一個讓無數人魂牽夢繞的美麗地方，許多人甚至在這裏尋找自己的詩與遠方。接下來，我們將嘗試重溫「短鼻家族」的這場旅行，並跟隨牠們的腳步，感受那沿途的「風景」。

普洱茶香

普洱市，是「短鼻家族」離開西雙版納後遊歷的第一個州市，位於雲南省西南部，面積約 4.5 萬平方公里，可以說是「七彩雲南」豐富性與多樣性的一個縮影。

綠色，是普洱最鮮明的底色。在普洱，發源於唐古拉山的瀾滄江在山谷間奔湧向前；哀牢山和無量山如一道道血脈，使得崇山峻嶺林海茫茫。

74.59% 的森林覆蓋率，讓這片充滿生機的地方負氧離子含量高於世界衛生組織「清新空氣」標準的 12 倍之多。

「短鼻家族」行進途中，相信沒少呼吸到負氧離子。

普洱茶享譽世界，是當地最靚麗的一張名片。著名的南方絲綢之路——茶馬古道，即源於普洱。在北上的旅行中，「短鼻家族」沒少經過茶園，想必牠們也被茶香吸引，並為之陶醉。

相較傳統棲息地西雙版納遮天蔽日的熱帶雨林，普洱市那一個個蒼鬱豐饒的萬畝茶園，可以說是別樣的風景。

或許，是陶醉於當地的綠意盎然與生機勃勃，「短鼻家族」旅途中誕生的那兩頭小象，出生地都不約而同地選在了普洱市。

← 2021年8月18日，「短鼻家族」行進至普洱市墨江縣上打連村

← 普洱市的萬畝茶園

紅河日記

2021 年 5 月 16 日，「短鼻家族」經過一番跋涉，抵達紅河州石屏縣，領略了不同於西雙版納、普洱的另一番景致。如果這群亞洲象也會寫旅行日記，關於這個地方的所見所聞，或許會有非常精彩的篇目。

說到紅河州，有以下幾樣，相信就是再粗心的遊客都不忍錯過：

第一樣，是異龍湖。異龍湖，位於石屏縣，是紅河州最大的湖泊，也是雲南九大高原湖泊之一。路過的亞洲象，能喝上甘甜的水，就要感謝異龍湖的涵養。此外，異龍湖還擁有非常豐富的動植物資源，大面積的淺灘和湖面能為生靈提供充足的食物。「短鼻家族」來的不是時候，如果是冬天，沒準還能在這偶遇遠從西伯利亞來此過冬的紅嘴鷗，上演一番鷗象同樂的美妙場景。

第二樣，便是廣為人知的元陽梯田。在元陽縣，遍佈著大片的梯田。這些梯田，是千百年來的元陽居民憑藉智慧與勤勞一點點建造起來的，宛如在大地上畫的一幅水墨畫。如果象群恰好是在清晨路過，梯田蒸騰而起的水汽會在朝陽的映照下雲蒸霞蔚，沒準還能飽覽到無比迷人的日出盛景。

除了湖泊與梯田，紅河州還有眾多奇妙的溶洞，形成了瑰麗奇絕壯美的自然景觀。此外，當地的人文景觀更是引人入勝，建水縣的文廟、朱家花園，蒙自的碧色寨車站，彌勒的東風韻小鎮……

← 石屏縣高原湖泊異龍湖的黃昏美景

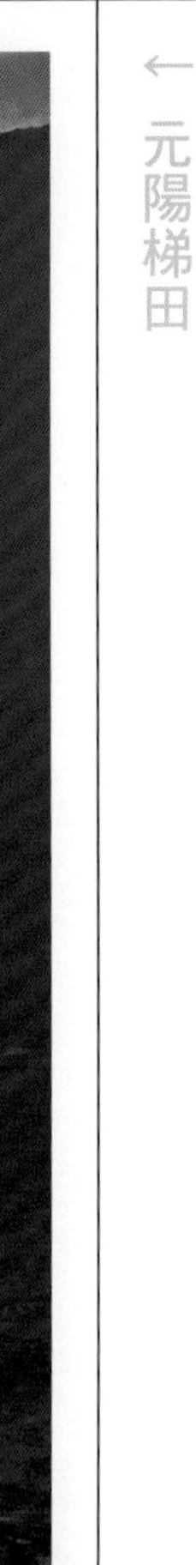

← 元陽梯田

玉溪生活

如果要採訪一下北上途中的「短鼻家族」，問問牠們最喜歡的地方是哪兒？玉溪一定會是選項之一。「短鼻家族」這個拖家帶口的家庭旅行團，曾途經元江縣、峨山縣、紅塔區、易門縣、新平縣，幾乎把大半個玉溪逛了個遍。

2021 年 4 月 16 日，象群就來到了元江。這裏氣溫適宜，森林覆蓋率高，素有「天然溫室」的美譽。得益於絕佳的氣候與環境，當地的水果特別出名，尤其是芒果。象群在元江兜兜轉轉時，恐怕也是被這裏的瓜果飄香給迷住了。

↑ 撫仙湖

象群在玉溪境內的第二站是峨山，這是中國第一個彝族自治縣、雲南省第一個實行民族區域自治的地方，具有彝祖、彝鎮、彝藥、彝火、彝鼓、彝繡為主的豐富彝族文化瑰寶。

緊接著，「短鼻家族」於 2021 年 5 月 29 日進入紅塔區，這是玉溪市的行政中心。

玉溪因水得名，取玉溪河清流如玉之意。當然，這裏最出名的水還得數中國最大的深水型淡水湖泊——撫仙湖。撫仙湖，蓄水量超過 200 億立方米，水資源總量佔全國湖泊淡水資源的 9.16%，是全球少有的 I 類水質湖泊。也許，「短鼻家族」也曾想過去撫仙湖一遊吧！

2021 年 6 月 8 日，雲南各地陸續進入雨季，「短鼻家族」來到了易門。雨水落、菌子出，易門正是雲南盛產野生菌的地方。「短鼻家族」在易門逗留了許多天，人們不禁開玩笑說，牠們是不是也想著嚐嚐各種野生菌了。

← 玉溪市元江那諾梯田

大美春城

在「短鼻家族」一路北上的旅途中，就有不少昆明的朋友開始激動了：象群會來昆明賞玩嗎？要知道，昆明距離象群傳統棲息地西雙版納已相距甚遠，象群如能到省城報到，無疑又是一個標誌性事件。

四季如春，是昆明享譽世界的名片，優越的氣候條件讓這裏獨享「春城」的美譽，「無處不飛花」更是昆明最美的註腳。

久盼之下，「短鼻家族」彷彿是隔空收到了春城的邀約，牠們真的來到了昆明。不過，牠們好像是與人們達成了某種默契，沒有到主城區打攪人們的生活，引發圍觀，而是選擇了晉寧、安寧，安靜遙望春城無處不飛花的美好景象。

2021 年 6 月 2 日，象群抵達昆明市晉寧區，那時的牠們與滇池已經是近在咫尺了，空氣中微涼的水汽一定讓牠們感到心曠神怡。

滇池，是雲南最知名的湖泊之一，在古代稱滇南澤，又叫昆明湖，海拔 1886 米，是中國第六大內陸淡水湖，來昆明的人，都不能錯過。

滇池畔的大觀樓，有一副乾隆年間名士孫髯翁所寫的著名長聯，盡數雲嶺大地的壯麗景色、歷史風雲：五百里滇池，奔來眼底，披襟岸幘，喜茫茫空闊無邊……

← 翱翔在大觀樓上空的紅嘴鷗群

← 滇池草海

回家之路

第五章

← 2021年6月1日，「短鼻家族」在玉溪市紅塔區洛河鄉清水河

在「短鼻家族」象群北上的過程中，收穫關注無數，許多人都變成了粉絲，不少人都期望象群能夠上演更多精彩的戲碼，但無論從情感還是科學上講，牠們都得盡快返回。畢竟，旅途的終點，是家。

象群從 2020 年春天開始出遊，離家一年多。先後在西雙版納傣族自治州、普洱市、紅河哈尼族彝族自治州、玉溪市、昆明市境內遊走，歷覽七彩雲南山河，收穫見識的同時，還喜添了兩個可愛的後代，與路途中人類的互動與相處也進入新階段⋯⋯不過，他鄉雖好，終究不如自己熟悉的家園，是時候回家了。

特別有意思的是，在他們集中南歸時，落單的「浪子」被先行「遣返」了。牠怎麼樣了？沒有參與這趟北上的象群家族成員又如何了？保護區裏其他的親友過得好嗎？

帶著對家鄉的思念，以及對親友的惦念，2021 年 6 月 3 日，「短鼻家族」在萬眾矚目中踏上歸程，由北向西偏南行進。

→ 2021 年 6 月 3 日，「短鼻家族」行進至晉寧雙河鄉老江河村寨

掉頭南返

2021年6月初，「短鼻家族」象群離開昆明進入玉溪市。6月17日進入峨山縣。在這裏，牠們徘徊了四五天的時間。也許是終於走累了，也許是始終沒有找到新的適居地⋯⋯象群開始向南移動。

對熱衷於網上「雲追象」的人們而言，這意味著「短鼻家族」一路向北的旅程將迎來完結，並重新拉開南歸的序幕。一些網友期盼的「繼續北上」，或者在昆明與這群可愛的大象「勝利大會師」的願望也落空。當然，「繼續北上」或者「勝利大會師」的說法，更多的是打趣，在象群北上期間，隨著傳媒的報導、專家的介紹以及保護工作者的科普，大家已逐步認識到，南歸對於象群的重要性。

對於象群保護工作人員來說，象群的南歸，可是讓他們鬆了一口氣。

野生亞洲象生活棲息的南亞熱帶地區，往往雨量充沛，濕熱條件較好，植物繁茂，而長途跋涉的「短鼻家族」所到達的區域，其棲息環境已經明顯不適合亞洲象生存了。這會增加牠們生病的可能性，而且由於該區域沒有其他大象族群，缺少基因交流，「短鼻家族」如果不南歸，很可能會導致這個小種群的滅絕。

「短鼻家族」北上的旅程，得益於人類的細心呵護，一路上雖然跌宕起伏、扣人心弦，但總體上是順風順水，偶爾發生意外也是有驚無險。

事實上，大象的每一次遷移都是一場充滿危險與困難的旅程。現階段而言，「短鼻家族」最好的歸宿就是故鄉。

2021年，6月22日至25日，象群踏上歸程，連續4天向南遷移，持續在玉溪市峨山縣富良鄉附近的林地活動。看來，這一家子，是真想家了。

↓ 2021年6月19日，「短鼻家族」在南歸路上行至峨山縣大龍潭鄉

遣返叛逆小夥兒——「孤勇者」

講述「短鼻家族」象群大部隊南歸的旅程前，想先聊聊那頭離群浪遊數十公里的叛逆小夥兒。出於對牠的保護，負責任的人類，自然不好讓牠一直做「孤勇者」，而是早早地安排了「遣返」，幫助牠重返家園。

2021 年 6 月 26 日，「短鼻家族」象群進入玉溪市塔甸鎮，隨後向東南方向移動 4.6 公里。

7 月 5 日，象群進入玉溪市新平縣，次日向東南方向移動 16.4 公里，在新平縣揚武鎮附近林地內活動。

7 月 8 日，象群迂迴移動 12.6 公里，於 7 月 9 日南返進入紅河州石屏縣龍武鎮。

7 月 27 日，象群經玉溪市新平縣揚武鎮進入元江縣境內……

一路兜兜轉轉，「短鼻家族」的南歸之旅同樣充滿挑戰。然而，卻有一頭公象，在家族其他成員還在南歸的路途中跋山涉水的時候，就已經回到了家裏——西雙版納國家級自然保護區勐養子保護區，是「短鼻家族」中最早回家的成員。

這是為什麼？難道牠是傳說中的「小飛象」？

原來，早在 6 月 5 日，「短鼻家族」還在昆明市境內遊蕩的時候，這個「叛逆小夥兒」就先行離開了象群，此後一直像個任性少年一樣在各處晃蕩。如前面已介紹的，昆明市境內不是亞洲象適宜的棲息地，野外沒有那麼多大象愛吃的食物。於是，這個傢夥，自然會到人類居住地覓食。在牠獨自遊蕩的那一路，你會看到牠要麼進村「串門」，挨家挨戶找吃的，要麼就等著工作組投餵食物。都說「捧人碗、服人管」，但牠偏不。投餵的東西一落肚，依然我行我素，四處亂跑，惹得大家提心吊膽。

7 月 5 日，這頭「玩嗨了」的傢夥來到玉溪市北城街道，這裏距晋紅高速僅 0.3 公里，距昆玉城際鐵路僅 0.2 公里。考慮到牠離交通網絡太近，公共安全風險太高，而且也很難獨自回歸象群或者返回故鄉，因此雲南北移亞洲象安全防範工作省指揮部下定決心，要通過人為干預手段把牠護送回家。

7 月 7 日凌晨，這頭叛逆的離群公象被指揮部按預案麻醉後捕捉，下午 3 點就被安全轉移回原棲息地。

在牠到家的那會兒，家族的其他成員還遠在玉溪市兜兜轉轉。

← 這就是那隻在峨山縣玉林酒廠閒逛的叛逆小夥兒

跨過元江

象群順利跨過元江橋，是「短鼻家族」南歸過程中最具標誌性的事件。

讓我們把焦點從那頭離群的公象身上收回，聚焦到踏上歸途的象群。象群南歸的過程中，要跨過雲南最古老的河流之一——元江。這條河，也是亞洲象適宜棲息地的一條分界線，南北兩岸的植被和氣候有很大的不同。對「短鼻家族」來說，元江南岸才是更加適宜的棲息地。

「渡過元江，對北上亞洲象回歸適宜棲息地至關重要。元江流域雖然食物和水源豐富，但是隱蔽條件不好，不適宜亞洲象群長期滯留。北上象群渡過元江水系到達南岸，棲息地適宜性將大幅提升，並且更容易與其他族群交流，這對提高亞洲象種群的穩定性和安全性都具有非常重要的現實意義。」北上亞洲象群專家組成員、雲南大象生態與環境學院教授陳明勇說。

2020 年 5 月 11 日，當時一意北上的「短鼻家族」還在橫渡元江幹流，繼續北上移動。兩個多月後，牠們再次來到了這條大河前，然而令牠們沒有想到的是，此時的元江已經不再是當初那條河流了……

此前象群渡江時，元江幹流正處於枯水期，大象能輕易地蹚過河去。可進入 2021 年 7 月之後，隨著雨季的到來，元江進入豐水期，不僅江水暴漲，水流流速也劇增，這讓拖兒帶女準備回家的「短鼻家族」陷入了巨大的困境。

從 7 月 27 日進入元江縣後，「短鼻家族」就一直在元江、峨山兩地滯留。許多關注象群的人都不知道牠們為何在離家一江之隔的時候停下腳步，有人猜測是因為江水暴漲，而大象不會游泳。

大象到底會不會游泳呢？也許大多數人會認為，大象這種重達數噸的龐然大物，一旦掉進深水中，必然會直接沉底。如是這樣想，那就太小看大象了。實際上，牠們水性很好，大多是游泳高手，尤其是亞洲象。只要水深足夠，浮力完全可以托起沉重的大象，而長長的鼻子則讓大象不必擔心換氣的問題。

亞洲象一般生活在雨林地帶，我們雖然很少有機會能親眼目睹牠們游泳的英姿，但在象群遷移中，難免會遇到渡江過河的情況，這個時候就得依靠牠們的游泳技能了。一頭健康的成年亞洲象，每小時可以游 2—3 公里，而且能夠連續游上 5—6 個小時，一般的河流還真不在話下。

前面說的主要是成年大象，但遷移中的大象，往往是一個家族，還有未成年乃至剛出生的小象。小象因缺乏經驗，加之體型較小，遇到湍急的河流，很容易將其與家族成員沖散，而且還有危險。恰因此，「短鼻家族」在元江前停下了腳步。牠們一直在嘗試著找到一條安全的渡江路線。

就在「短鼻家族」為尋找安全的渡河通道發愁的時候，愛護牠們的人類朋友伸出了援助之手。

為了避免象群冒險涉水渡江造成危險和傷亡，前線的工作人員採取了果斷措施，在路線上對象群進行了圍堵封控和投食引導，並且按照預設路線佈設了圍欄等安全防範措施。歷經 13 天 12 夜，人們終於一步步引導「短鼻家族」來到昆磨公路（昆明—磨憨）元江收費站附近，那裏有一座通往元江南岸的老公路橋。

2021 年 8 月 8 日晚上，在奔騰的元江上，「短鼻家族」邁著踏實的步伐，從 213 國道元江橋上緩步走過，巨大的身影漸漸消失在元江南岸蒼茫的夜色之中。

在那漫長的南歸之路上，處處有人類朋友的關照。引導象群避開湍急的河流，從元江橋上跨過，只是其中一個小小的片段。從大象那踏實平緩的腳步中可以看出，牠們也似乎讀懂了人類朋友的細心與善意。

↓ 2021年8月8日，「短鼻家族」跨過元江橋

近鄉情更怯

渡過了元江幹流，回到了適宜的棲息地帶，「短鼻家族」的北上南歸之旅暫時告一段落。不過對於象群來說，這還遠談不上真正的回家，畢竟牠們原本的棲息地是在西雙版納。

2021 年 8 月 12 日，是第 10 個世界大象日，費了老鼻子勁才渡過元江的「短鼻家族」終於進入了普洱市墨江縣境內，離牠們的老家已經不遠。但對於大象而言，牠們的旅行，無假期長短的限制，大可隨心，往往是走走停停，遇到環境愜意且食物無憂的好地方，也就小住一段，賴著不走了。比如，牠們進入墨江後，就沒有直接繼續向南，而是在這裏晃蕩，且一逛就是 21 天。

8 月正是玉米成熟的時候，鮮嫩多汁的玉米是大象最愛吃的食物之一。此外，近年來，因生態保護力度加大，墨江縣的草料資源也格外豐富，為象群提供了豐富的食物。或許，正是因為當地的美食豐富且美味，象群才遲遲不肯離去，非要留下吃飽喝足。於是，就有了「短鼻家族」在墨江長達 21 天「逛—吃—睡」的神仙生活之旅。

對於大胃王的大象來說，適宜的棲息地，食物無需發愁，自由自在邊逛邊吃的悠哉生活太過安逸，長時間的停留，也像是對自己旅途辛苦的犒勞。得益於豐富的食物與安逸的生活，「短鼻家族」的成員們，估計都要胖上一圈，尤其是在長輩庇護下的小象更是茁壯成長，變得更壯、更精神了。

當然，墨江雖好，終非故鄉。在這個地方度過了一段難忘的假期之後，象群再度南下，踏上回家之路。

2021 年 9 月 1 日，在工作人員的引導下，「短鼻家族」走上過者橋，跨過阿墨江，向著 100 公里外的原棲息地繼續前行。

人道是「近鄉情更怯」，象群彷彿也是如此。離家越近的時候，帶著小象的「短鼻家族」似乎有意放慢了腳步。象媽媽對小象也似乎更加溫柔，遇有小象走不動時，便用鼻子牽著或推著牠向前。尤其是那兩頭在旅途中誕下的小象，象媽媽更是細心呵護，彷彿在向牠們提前介紹老家的親戚與長輩，向牠們訴說老家的種種美好。

← 2021年8月9日，跨過元江橋後的「短鼻家族」，行進至玉溪市元江縣

尾聲

回家的感覺真好！

時至今日，「短鼻家族」回到原棲息地已經一年了。牠們回家後，過得怎樣？是否還像旅途時一樣開心？

相信有不少關注這個象群家族的朋友，都想了解更多「短鼻家族」的現狀。

放心，「短鼻家族」回家後，一切都非常好。在慵懶的午後，我們常看到牠們無憂無慮地享受著陽光浴。大團圓之下的牠們，和睦而融洽，還時不時與閨蜜、兄弟們約著一起「幹飯」享受美食。

據監測隊員介紹，象群各方面狀況良好，之前一路逛逛吃吃睡睡，肚子圓鼓鼓的，明顯胖了不少。

在大象北上途中誕生的那兩頭小象寶寶也在健康成長。隨著漫漫旅途的結束，一切復歸平靜，牠們在相對穩定的環境中安居下來。逐漸長大的小象開始調皮起來，以前總見到牠們在象媽媽懷裏撒嬌，現在已經敢單獨行動，還時不時偷溜出去，在附近飽餐一頓後又回到象群中間。從這些場景已可以看出，經過一段時間的成長，小象們的各項生理技能和生活本領都已經大大提升。

回到故鄉的象群，不再害怕陌生人的驚擾。對於與牠們共處了許多年的當地村民而言，象群的頻繁出現，早已習以為常，並且在此過程中形成了一套特別的共處方式。對於象群而言，附近的居民都是老朋友。「短鼻家族」，也沒少繼續調皮惹事，還是如以前一樣，時不時進到村子，賴上幾天。不過，牠們已不必為吃的東西感到煩惱，到處都有美味的食物。

因為去年那段神奇的旅行，「短鼻家族」已經成了明星，牠們走過的村莊也跟著小有名氣。

雲南野生亞洲象群「短鼻家族」的安全回家，是全民護象的勝利，也是人與自然和諧共生理念的彰顯。但中國政府與民間對亞洲象在內的野生動物保護的腳步，遠未止步。相反，通過象群北上南歸的故事，在亞洲象保護機制的探索上，政府與人民都有了更迫切的擔當。其中亞洲象國家公園建設這一根本性的保護舉措，提上日程，以期加強亞洲象棲息地的保護和恢復，持續提升棲息地質量，進一步促進人象和諧共處共生。

2020 年春至 2021 年夏，在美麗的中國雲南上演的這個鮮活的人象互動故事，相信無論是其中的參與者，還是遍佈全球的無數個見證者，都會久久銘記，就算在許多年之後回想起，也仍會收穫溫情與感動。更為可貴的是，「短鼻家族」的故事，不僅讓世界看到了一個為守護自然生態、維護生物多樣性做出巨大貢獻、為共建地球生命共同體貢獻智慧的中國，也讓世界由此感知到一個可信、可愛、可敬的中國，堪稱最鮮活也最生動的中國故事。

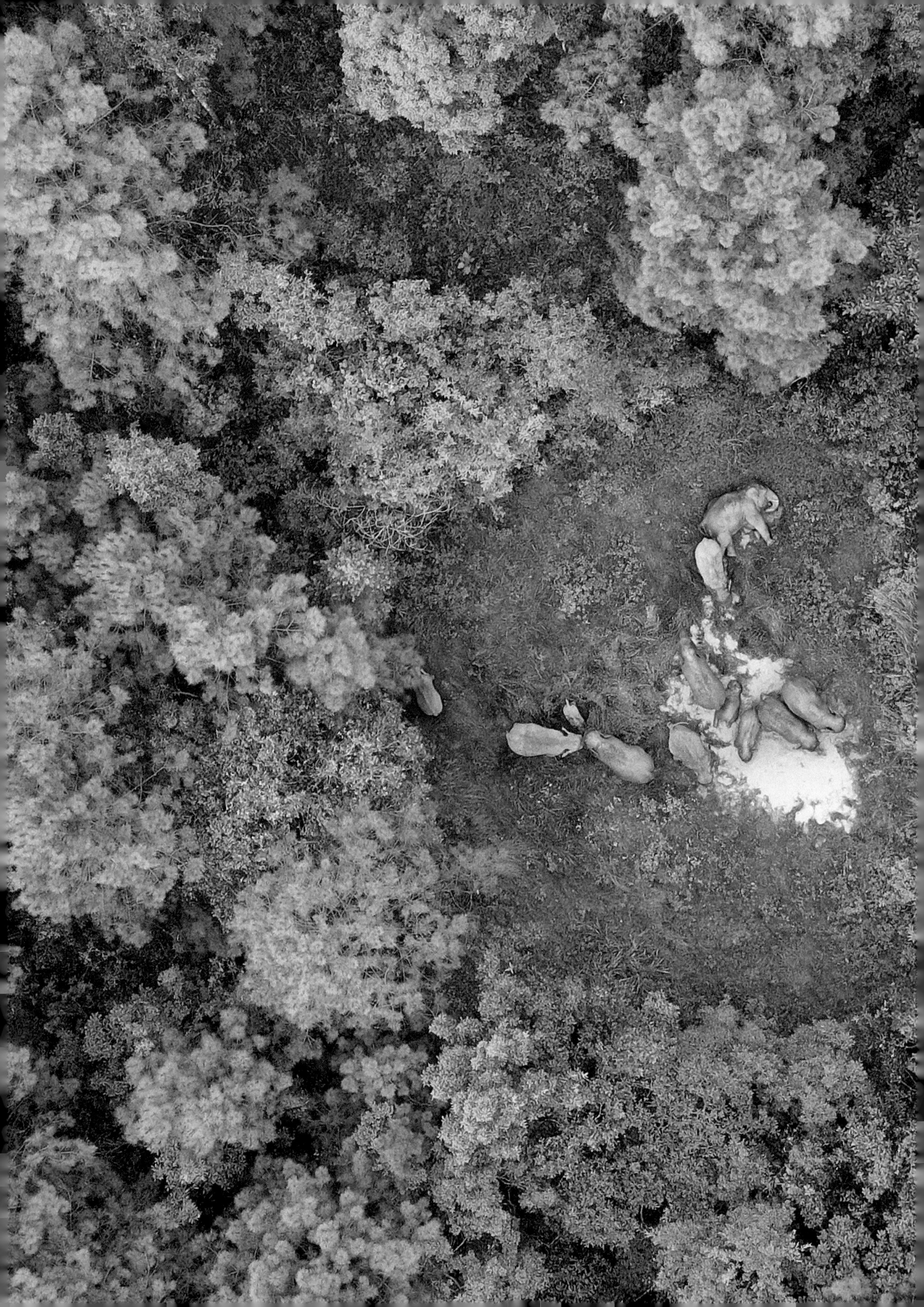

↓ 2021 年 12 月，返回棲息地生活的「短鼻家族」

← 西雙版納熱帶雨林

← 西雙版納新曼峨

責任編輯　龍　田
特邀編輯　鄒　旋　許國駿
書籍設計　a_kun
書籍排版　何秋雲
書籍校對　栗鐵英

書　　名　**大象的旅行——「短鼻家族」北上南歸記**
出　　版　三聯書店（香港）有限公司
香港北角英皇道 499 號北角工業大廈 20 樓
Joint Publishing (H.K.) Co., Ltd.
20/F., North Point Industrial Building,
499 King's Road, North Point, Hong Kong
香港發行　香港聯合書刊物流有限公司
香港新界荃灣德士古道 220-248 號 16 樓
印　　刷　陽光（彩美）印刷有限公司
香港柴灣祥利街 7 號 11 樓 B15 室
版　　次　2022 年 10 月香港第一版第一次印刷
規　　格　16 開（185 × 245 mm）136 面
國際書號　ISBN 978-962-04-5086-0